TIME TRAVELER

너도 보이니? ⑨

월터 윅 지음 | 박소연 옮김

달리

너도 보이니? ❾
이 세상의 밖에서
월터 윅 지음 | 박소연 옮김

1판 1쇄 펴냄 2009년 10월 19일
1판 18쇄 펴냄 2023년 11월 23일

책임편집 박소연 | 디자인 심흥섭

펴낸이 박소연 | 펴낸곳 (주)도서출판 달리 | 등록 2002. 6. 4.(제10-2398호)
04008 서울시 마포구 희우정로 16길, 17-5 | 전화 02) 333-3702 | 팩스 02) 333-3703
ISBN 978-89-5998-149-6 14400
       978-89-90364-57-9 (세트)

차례

너도 보이니?

분수 하나, 말 다섯 마리,
여우 한 마리, 거위 한 마리,
얼룩무늬 다람쥐 한 마리,
양 한 마리, 개 한 마리,
말코손바닥사슴 한 마리,
호박 하나, 마차 한 대,
수탉 한 마리, 암탉 한 마리,
기둥에 감긴 빨간 실 한 올,
칼 두 자루,
우리 안에 있는 황소 한 마리,
사과 한 알, 하트 모양 세 개,
높이 나는 까마귀 한 마리,
그리고
아주 오래된
공주님의 성까지!

너도 보이니?

폭포 하나,
트럼펫 두 개, 종 하나,
나는 말 한 마리,
백조 세 마리, 조개껍데기 하나,
현명한 부엉이 네 마리,
빨갛고 긴 가운 한 벌,
달 하나, 용 세 마리,
공작새의 머리 하나,
열쇠 하나,
뛰고 있는 산토끼 한 마리,
그리고
떠오르는 태양과 함께
일어나는 공주님까지!

THE JESTER
SEYMOUR
SHELLS OF THE SEA

너도 보이니?

활과 화살 하나,
새 여섯 마리, 박쥐 한 마리,
코끼리 세 마리,
줄무늬 고양이 한 마리,
나비 한 마리,
벌 세 마리, 열쇠 하나,
유니콘 한 마리,
양탄자 하나,
껑충 뛰는 사슴 한 마리,
졸고 있는 양 한 마리,
그리고
깜빡 잠이 든
성의 보초병까지!

너도 보이니?

알라딘의 램프 하나,
개구리 한 마리, 도마뱀 한 마리,
화살 세 개, 깃발 하나,
나이 많고 현명한 마법사 한 명,
해골 하나, 양초 세 개,
전갈의 꼬리 하나,
다리 하나, 배 한 척,
거북이 한 마리, 고래 한 마리,
낙타 세 마리, 게 한 마리,
새 여덟 마리,
그리고
수정 구슬을 들여다보는
공주님까지!

X
FORTUNE
I
THE MAGICIAN
XVIIII
THE SUN

너도 보이니?

요술 봉 하나,
검은 고양이 한 마리,
까마귀 한 마리,
잠자리 세 마리,
한 줄로 놓인 하트 모양 다섯 개,
번개 모양 하나,
열쇠 하나, 황금 깃털 하나,
토끼 세 마리, 벌 한 마리,
태양 다섯 개,
하얀 뱀 한 마리,
파란 달 하나,
그리고
당신을 보고 있는
눈 큰 로봇까지!

너도 보이니?

마우스 하나, 말굽자석 하나,
초승달 하나,
신호탑 하나,
은수저 하나,
스패너 하나,
라켓 하나,
고무 밴드 하나,
기타 모양의 측정기 하나,
분침 하나,
용수철 두 개, 날개 세 개,
볼펜 한 자루, 책 한 권,
그리고
근심에 찬
로봇까지!

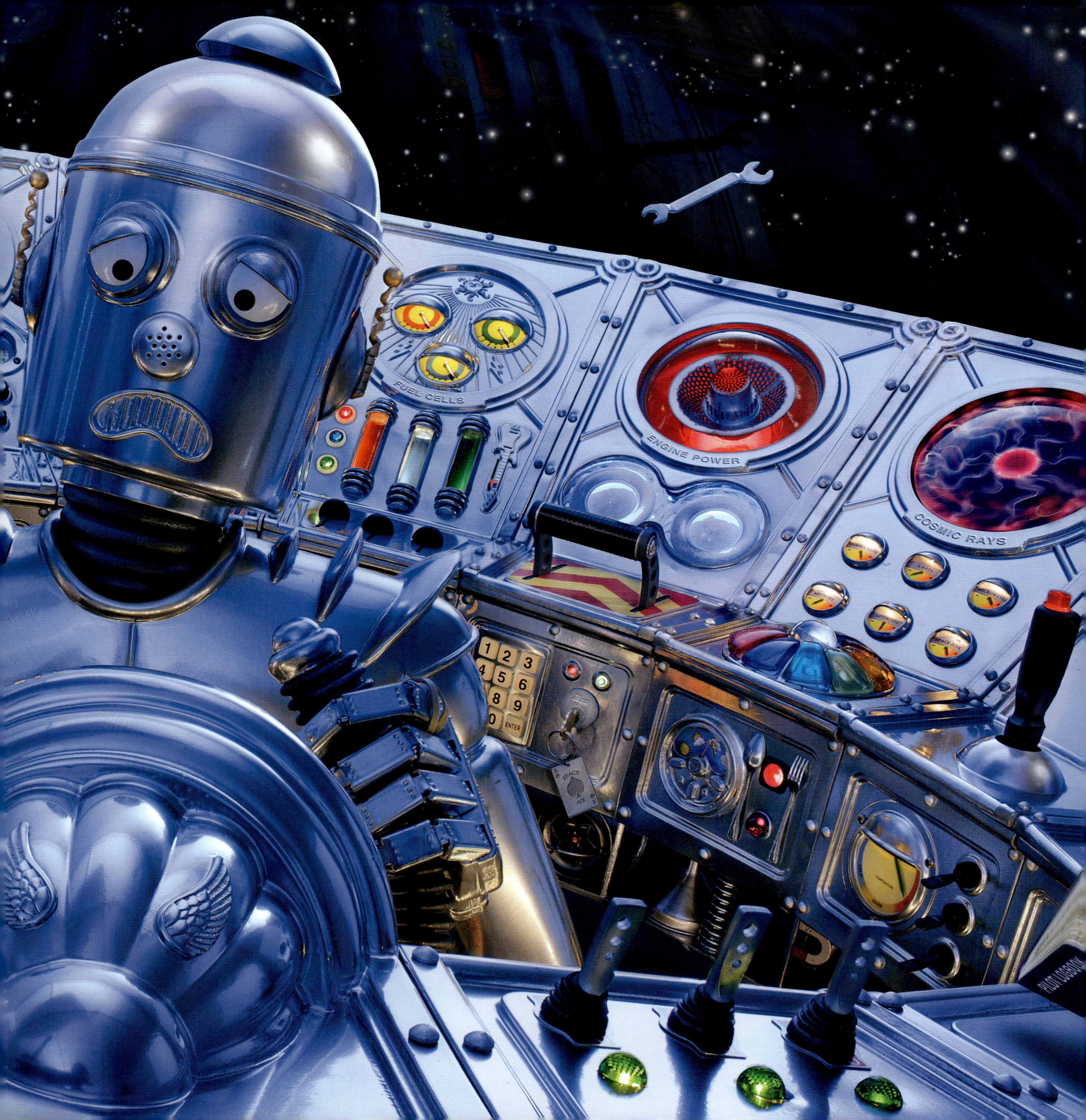

FUEL CELLS
ENGINE POWER
COSMIC RAYS
1 2 3
4 5 6
7 8 9
0 ENTER
SPACE ACE

TIME TRAVELER

너도 보이니?

행성을 닮은 구슬 네 개,
백조 한 마리, 산토끼 한 마리,
도마뱀 한 마리, 뱀 한 마리,
물고기 한 쌍,
두루미 한 마리, 게 한 마리,
활을 쏘는 사람 한 명,
저울 하나,
용 한 마리, 유니콘 한 마리,
전갈의 꼬리 하나,
아름다운 레이스 한 장,
그리고
우주에서 길을 잃어버린
시간 여행자까지!

TIME TRAVELER
DANGER
KEEP OUT

너도 보이니?

지구본 하나, 사과 한 알,
돌고 있는 팽이 하나,
촘촘한 바늘땀들, 빨대 하나,
빨간 빨래집게 하나,
선풍기 날개 하나,
로봇 다섯 대,
태엽 하나,
크레용 하나, 왕관 하나,
땅벌 한 마리,
오리 한 마리, 트럭 세 대,
아이스크림콘 하나,
그리고
'X'로 표시된
착륙장까지!

너도 보이니?

번개 모양 하나,
숫자 9 하나,
망치 한 자루, 종 하나,
위험을 알리는 표지판 하나,
달 하나, 별 세 개,
지구본 하나, 용수철 하나,
골무 하나, 기사 한 명,
왕관 하나,
볼링핀 다섯 개,
야구공 하나, 빗자루 하나,
그리고
'쿵, 쾅, 쿠쿵' 소리를 내며
착륙하는 우주선 한 대까지!

ME TRAVELER

TIME TRAVELER

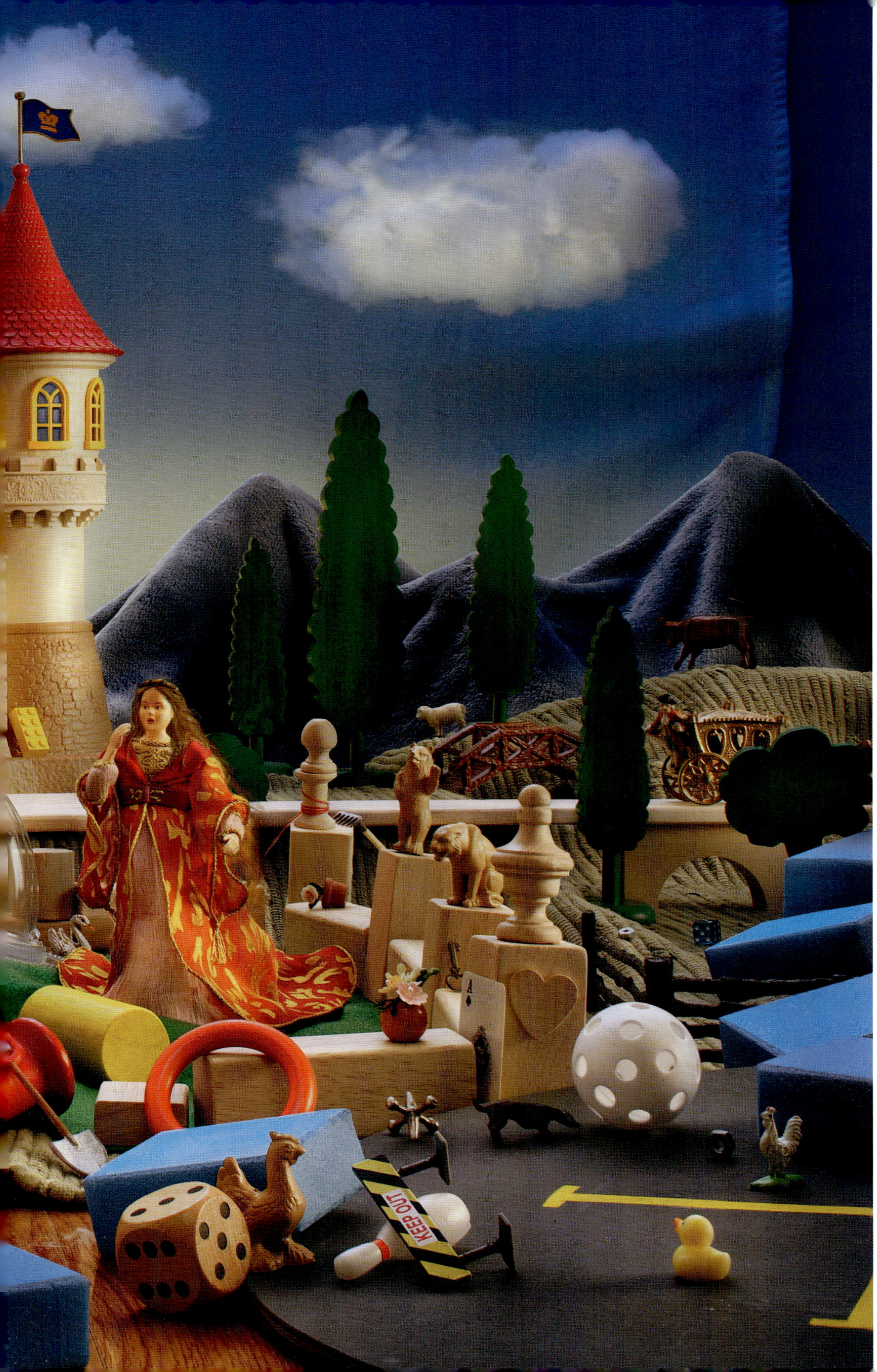

놀라운 손님

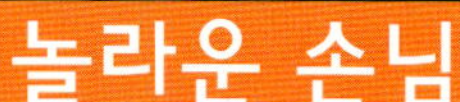

너도 보이니?

돌고 있는 팽이 하나,
삽 한 자루, 갈퀴 한 자루,
암나사 세 개, 못 하나,
엎어져 있는 케이크 하나,
주사위 네 개,
마차 한 대, 열쇠 하나,
백조 두 마리, 양 한 마리,
곰 두 마리, 벌 한 마리,
'출입 금지' 표지판 하나,
화살표 하나, A 카드 한 장,
그리고
우주 밖에서 온
놀라운 손님까지!

너도 보이니?

빨간 다이아몬드 모양 다섯 개,
술잔 하나, 물고기 네 마리,
말이 끄는 마차 한 대,
블루베리가 담긴 접시 한 장,
졸고 있는 개 한 마리,
고양이 두 마리, 산토끼 한 마리,
폭포 하나,
도마뱀 한 마리, 곰 한 마리,
언덕 위의 성 두 채,
새 다섯 마리, 둥지 하나!

그리고
특별한 손님을 환영하는
잔치가 드디어 시작했어요!

너도 보이니?

새로 지은 정원 하나,
마차 한 대, 시계 하나,
공룡 세 마리,
잃어버린 빨간 양말 한 짝,
새 한 마리, 라켓 다섯 개,
토끼 두 마리, 오리 두 마리,
기차 한 대, 야구공 세 개,
야구 방망이 세 자루, 트럭 네 대,
그리고 떠날 준비를 마친
시간 여행자!

이제 서로 작별 인사를
나눌 시간!

TIME TRAVELER

아주 오래전에

분수 하나, 말 다섯 마리,
여우 한 마리, 거위 한 마리,
얼룩무늬 다람쥐 한 마리,
양 한 마리, 개 한 마리,
말코손바닥사슴 한 마리,
호박 하나, 마차 한 대,
수탉 한 마리, 암탉 한 마리,
기둥에 감긴 빨간 실 한 올, 칼 두 자루,
우리 안에 있는 황소 한 마리,
사과 한 알, 하트 모양 세 개,
높이 나는 까마귀 한 마리,
그리고 아주 오래된
공주님의 성까지!

이른 아침

폭포 하나,
트럼펫 두 개, 종 하나,
나는 말 한 마리,
백조 세 마리, 조개껍데기 하나,
현명한 부엉이 네 마리,
빨갛고 긴 가운 한 벌,
달 하나, 용 세 마리,
공작새의 머리 하나,
열쇠 하나,
뛰고 있는 산토끼 한 마리,
그리고 떠오르는 태양과 함께
일어나는 공주님까지!

잠자는 보초병

활과 화살 하나,
새 여섯 마리, 박쥐 한 마리,
코끼리 세 마리,
줄무늬 고양이 한 마리,
나비 한 마리,
벌 세 마리, 열쇠 하나,
유니콘 한 마리,
양탄자 하나,
껑충 뛰는 사슴 한 마리,
졸고 있는 양 한 마리,
그리고 깜빡 잠이 든
성의 보초병까지!

수정 구슬

알라딘의 램프 하나,
개구리 한 마리, 도마뱀 한 마리,
화살 세 개, 깃발 하나,
나이 많고 현명한 마법사 한 명,
해골 하나, 양초 세 개,
전갈의 꼬리 하나,
다리 하나, 배 한 척,
거북이 한 마리, 고래 한 마리,
낙타 세 마리, 게 한 마리,
새 여덟 마리,
그리고 수정 구슬을 들여다보는
공주님까지!

미래를 보다

요술 봉 하나,
검은 고양이 한 마리,
까마귀 한 마리,
잠자리 세 마리,
한 줄로 놓인 하트 모양 다섯 개,
번개 모양 하나,
열쇠 하나, 황금 깃털 하나,
토끼 세 마리, 벌 한 마리,
태양 다섯 개,
하얀 뱀 한 마리,
파란 달 하나,
그리고 당신을 보고 있는
눈 큰 로봇까지!

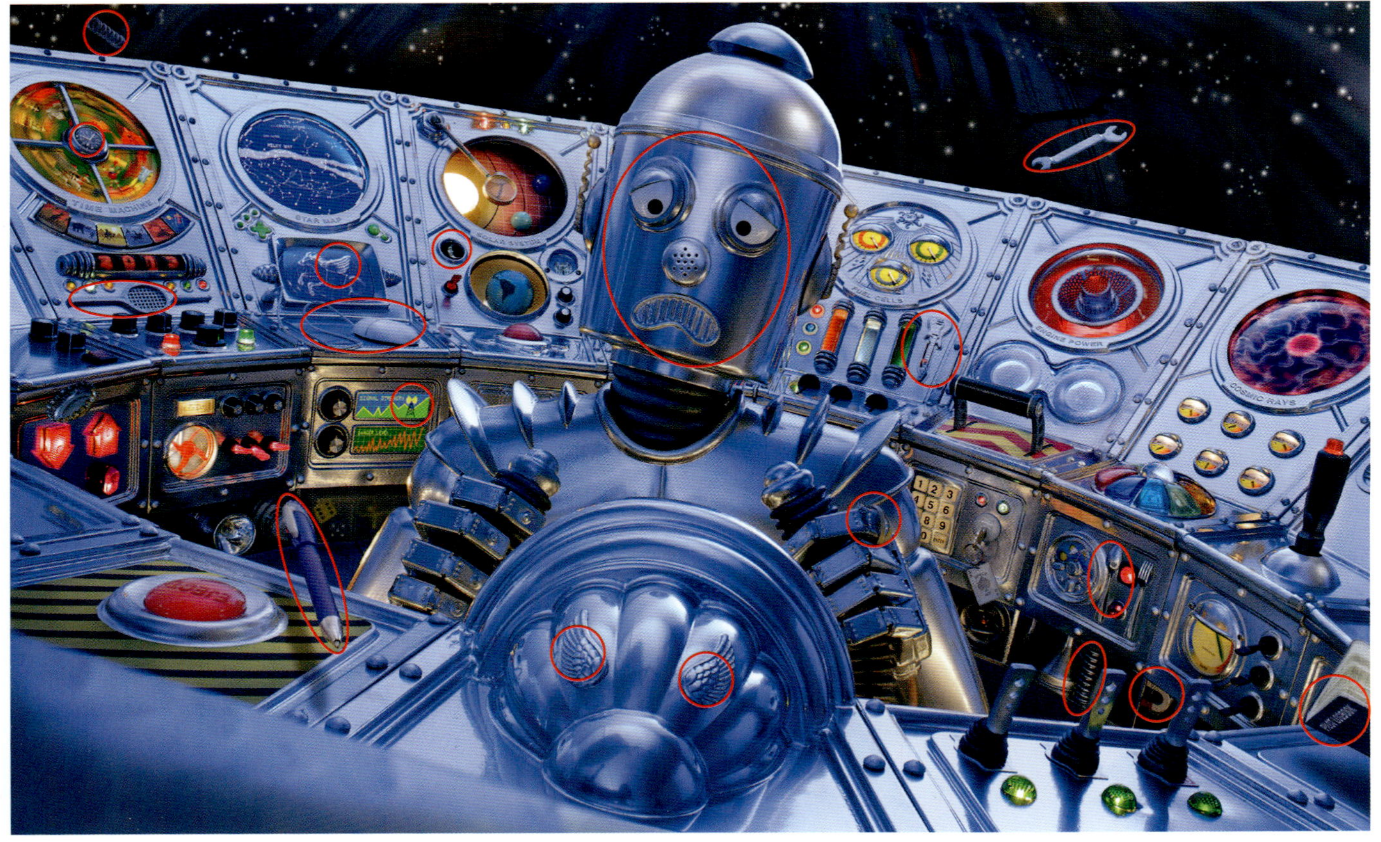

시간 여행자

마우스 하나, 말굽자석 하나,
초승달 하나,
신호탑 하나,
은수저 하나,
스패너 하나,
라켓 하나,
고무 밴드 하나,
기타 모양의 측정기 하나,
분침 하나,
용수철 두 개, 날개 세 개,
볼펜 한 자루, 책 한 권,
그리고 근심에 찬
로봇까지!

우주에서 길을 잃다

행성을 닮은 구슬 네 개,
백조 한 마리, 산토끼 한 마리,
도마뱀 한 마리, 뱀 한 마리,
물고기 한 쌍,
두루미 한 마리, 게 한 마리,
활을 쏘는 사람 한 명,
저울 하나,
용 한 마리, 유니콘 한 마리,
전갈의 꼬리 하나,
아름다운 레이스 한 장,
그리고 우주에서 길을 잃어버린
시간 여행자까지!

착륙하는 곳

지구본 하나, 사과 하나,
돌고 있는 팽이 하나,
촘촘한 바늘땀들, 빨대 하나,
빨간 빨래집게 하나,
선풍기 날개 하나,
로봇 다섯 대,
태엽 하나,
크레용 하나, 왕관 하나,
땅벌 한 마리,
오리 한 마리, 트럭 세 대,
아이스크림콘 하나,
그리고 'X'로 표시된 착륙장까지!

쿵, 쾅, 쿠쿵!

번개 모양 하나,
숫자 9 하나,
망치 한 자루, 종 하나,
위험을 알리는 표지판 하나,
달 하나, 별 세 개,
지구본 하나, 용수철 하나,
골무 하나, 기사 한 명,
왕관 하나,
볼링핀 다섯 개,
야구공 하나, 빗자루 하나,
그리고 '쿵, 쾅, 쿠쿵' 소리를 내며
착륙하는 우주선 한 대까지!

놀라운 손님

돌고 있는 팽이 하나,
삽 한 자루, 갈퀴 한 자루,
암나사 세 개, 못 하나,
엎어져 있는 케이크 하나,
주사위 네 개,
마차 한 대, 열쇠 하나,
백조 두 마리, 양 한 마리,
곰 두 마리, 벌 한 마리,
'출입 금지' 표지판 하나,
화살표 하나, A 카드 한 장,
그리고 우주 밖에서 온
놀라운 손님까지!

손님을 위한 잔치

빨간 다이아몬드 모양 다섯 개,
술잔 하나, 물고기 네 마리,
말이 끄는 마차 한 대,
블루베리가 담긴 접시 한 장,
졸고 있는 개 한 마리,
고양이 두 마리, 산토끼 한 마리,
폭포 하나,
도마뱀 한 마리, 곰 한 마리,
언덕 위의 성 두 채,
새 다섯 마리, 둥지 하나!

이제 헤어질 시간

새로 지은 정원 하나,
마차 한 대, 시계 하나,
공룡 세 마리,
잃어버린 빨간 양말 한 짝,
새 한 마리, 라켓 다섯 개,
토끼 두 마리, 오리 두 마리,
기차 한 대, 야구공 세 개,
야구 방망이 세 자루, 트럭 네 대,
그리고 떠날 준비를 마친
시간 여행자!

몇 년 동안 나의 스튜디오는 유치원 교실 같았습니다. 바닥에는 캔과 상자 들이 흩어져 있고, 그 안에서 쏟아져 나온 온갖 물건들로 책상과 작업대는 어질러져 있었습니다. 그러다 우연히 저는 책상 위에 있는 플라스틱 공주를 발견했지요. 옆에 서 있던 커다란 눈을 가진 깡통 로봇을 무섭다는 듯 쳐다보는 공주님을요.

그래서 <너도 보이니?>의 아홉 번째 이야기 '이 세상의 밖에서' 편에서 공주와 로봇이 만나게 되었습니다. 서로 닮지 않은 두 캐릭터를 한 권의 책에 담아 내는 데에 어려움이 있었습니다. 공주님은 과거를, 로봇은 미래를 연상시키지요. 공주는 사람 같고 부드럽지만, 로봇은 기계처럼 딱딱하지요. 하지만 이 이야기의 세세한 부분들이 만나면서 저는 둘의 비슷한 부분들을 찾아내기도 하였습니다. 공주는 수정 구슬로 미래를 보고, 로봇은 우주선을 타고 과거로 돌아가지요. 공주는 별을 공부하고, 로봇은 별을 여행합니다. 결국 마지막 장면에서 서로 다른 둘의 세상이 사실은 하나이고 같은 공간 안에 있음을 알 수 있습니다. 이렇듯 아이들이 깊게 생각하여 창의적인 놀이를 한다면, 장난감이 있는 평범한 놀이방 안에서, 어떠한 세상이나 만들어 낼 수 있습니다.

감사의 말

처음에는 상점에서 산 공주와 로봇에서 영감을 얻었지만, 본격적으로 작업에 들어가며 재능 많은 프리랜서 아티스트와 스태프 팀이 이 책에 등장하는 공주와 로봇, 그리고 수많은 다른 소품을 만들었습니다. 그들의 엄청난 기여에 감사의 말을 전하고 싶습니다. '시간 여행자' 로봇, 우주선 조종실 내부, 수많은 가구, 궁정 만찬 모습, 그리고 셀 수 없이 많은 크고 작은 소품들을 만들어 준 랜디 질먼, 공주와 졸고 있는 경비병들, 어릿광대들, 성 내부에 걸린 풍경과 모조 그림들을 만들어 준 마이클 로켄스가드, 작업실과 스튜디오에서 여러 일들을 동시에 해 준 드류 밀랏, 공주의 가발, 의상 그리고 침대를 만들어 준 린 스테인캠프, 6인치 로봇, 공주의 성 외관, 그리고 여러 개의 성 내부 디테일을 3D 프린팅 할 수 있도록 컴퓨터 프로그램을 만들어 준 브레인 켈리 두비우스, 작업실과 스튜디오, 컴퓨터 운영을 능숙하게 감독해 준 스튜디오 매니저 댄 헬트, 여러 소품과 잔치 장면에 등장하는 손으로 만든 음식을 성실히 관리해 주고 사람들을 잘 응대해 준 상냥한 에밀리 카파, 눈에 보이지 않는 수많은 일을 원활히 관리하고, 전문적인 예술적 조언을 준, 그리고 무엇보다 사랑의 지원을 보내 준 린다 체벌트 윅에게 감사의 말을 전합니다.

월터 윅

＊이 책의 모든 세트는 월터 윅이 디자인하고, 배치하고, 촬영하여 컴퓨터 프로그램으로 수정했습니다. 부분적으로 사용된 랜디 질먼의 그림 역시 월터 윅이 촬영하였습니다.

월터 윅은 전 세계적으로 3천만 부 가까이 판매된 〈나는 찾아요〉 시리즈의 작가입니다. 그가 직접 글을 쓰고 사진을 찍은 《물 한 방울》은 '보스턴 글로브 혼 북' 상을 받았으며, 미국 도서관 협회의 '주목할 만한 책', '오르비스 픽토스 명예 도서', 캐나다 방송 협회의 '우수 어린이 과학도서'로 선정되었습니다. 또 다른 책 《눈속임》 역시 미국 도서관 협회의 '주목할 만한 어린이 책', 〈뉴욕타임스〉 북리뷰의 '우수 어린이 그림책'으로 선정되었으며, 〈오펜하임 장난감 작품 선집〉의 '플래티늄 상', 〈사이언티픽 아메리칸〉의 '어린이 독자상', 미국 학부모들이 고른 '좋은 책' 상 등 여러 상을 받았습니다. 파이어 미술대학을 졸업한 월터 윅은 현재 미국 코네티컷주에서 부인 린다와 함께 살고 있습니다.

*월터 윅에 관련된 더 많은 정보는 www.walterwick.com에서 보실 수 있습니다.

박소연은 미국 스미스 대학교에서 경제학을 공부하고, 서울 대학교에서 경영학 석사 과정인 MBA를 졸업하였습니다. 지금은 어린이책을 기획하고 번역하고 있습니다. 옮긴 책으로는 《핑!》, 《용기 있는 아이 메이플》, 《우리 다시 만나요》, 《떠나고 싶은 날에는》, 《많아요》, 《엄마가 항상 곁에 있을게》, 《내가 사랑하는 나무의 계절》, 〈리틀 피플 빅 드림즈〉 시리즈 등이 있습니다.

TIME TRAVELER